MINISTÈRE DE L'AGRICULTURE

# ÉTUDES
# SUR LES SOURCES

## HYDRAULIQUE
## DES NAPPES AQUIFÈRES ET DES SOURCES
## ET APPLICATIONS PRATIQUES

PAR

M. LÉON POCHET

INSPECTEUR GÉNÉRAL DES PONTS ET CHAUSSÉES
INSPECTEUR GÉNÉRAL DE L'HYDRAULIQUE AGRICOLE

## PLANCHES

PARIS
IMPRIMERIE NATIONALE

MDCCCCV

# ÉTUDES SUR LES SOURCES

Pl. I

Fig. 1. — Laon

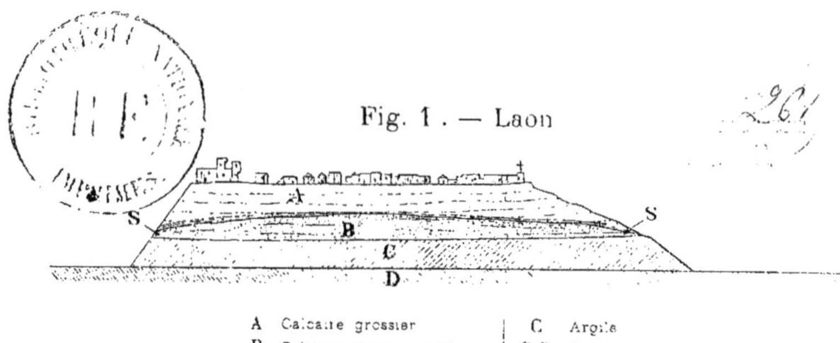


A Calcaire grossier
B Calcaire grossier sableux
C Argile
S,S Sources

Fig. 2. — Oxford

N,N Graviers
A Argile d'Oxford
S,S Sources

Fig. 3. — Dunes de Gascogne

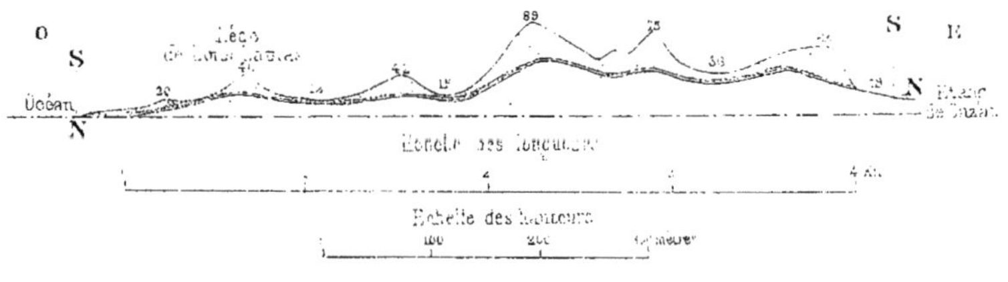


Fig. 4

Coupe sur une nappe artésienne

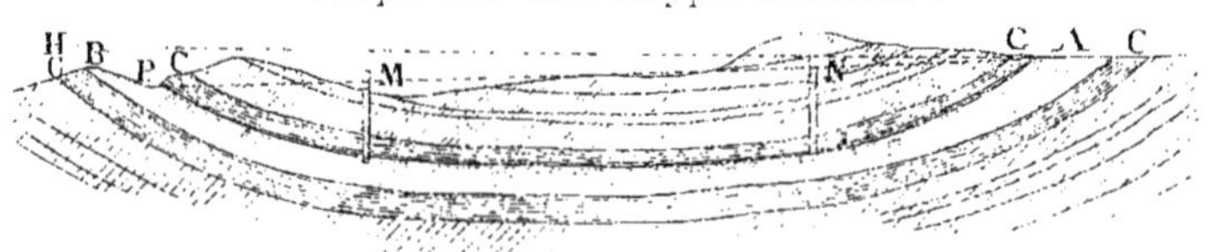


A B Couche perméable
C C Couches imperméables
N M Niveaux piézométriques

L. Courtier

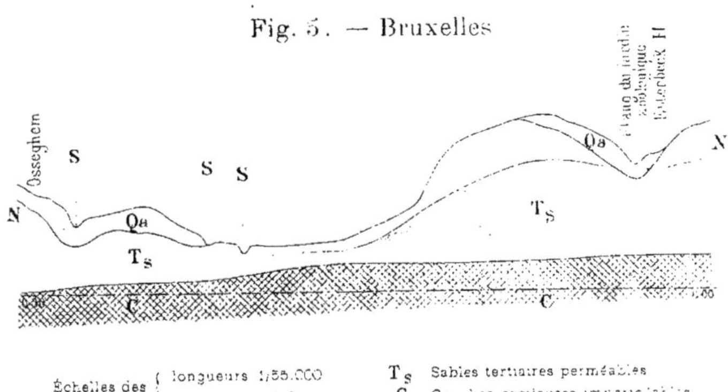


Fig. 5. — Bruxelles

Échelles des { longueurs 1/55.000 / hauteurs 1/2750

$T_s$ Sables tertiaires perméables
C Couches argileuses imperméables

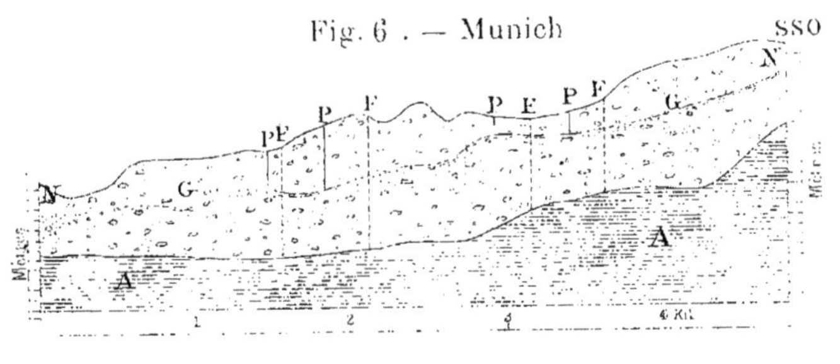


Fig. 6. — Munich

Échelle 1/48.000

G Gravier quaternaire
A Argile tertiaire imperméable

P Puits
F Forages

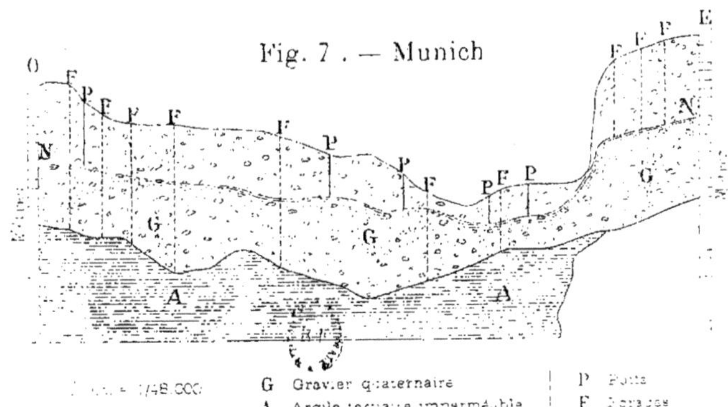


Fig. 7. — Munich

Échelle 1/48.000

G Gravier quaternaire
A Argile tertiaire imperméable

P Puits
F Forages

Fig. 8.

Coupe E,O du plateau de Malzéville et de la Vallée de la Meurthe

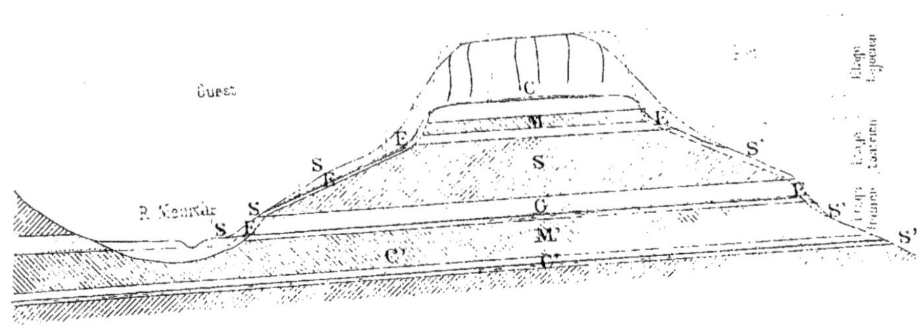


S Sources du versant
S' Sources du contreversant
C Calcaire à entroques
M Marne micacée

S Schistes argileux
G Grès médialiasique
M' Marne à ammonites mar[illegible]

C' Calcaire [illegible]
M'' [illegible]
E E [illegible]

Fig. 9.

Sources à l'affleurement de l'argile plastique dans la Vallée de l'Oise

Échelle de 1/120 000

L'affleurement de l'argile plastique est figuré par des hachures

Source •

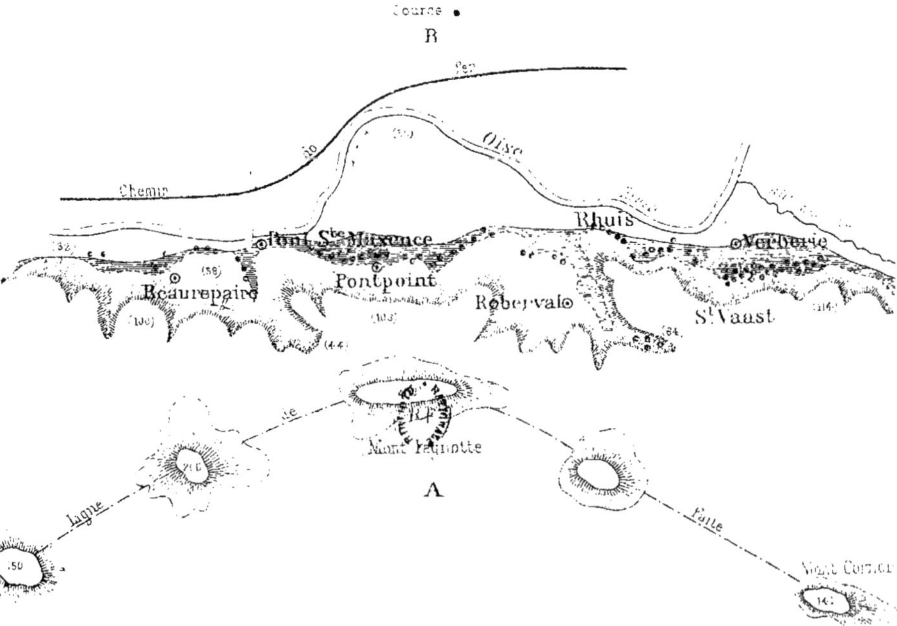


L. Courtier, [illegible]

PL. IV

# ÉTUDES SUR LES SOURCES

Fig. 10

Sources de l'Avre et de la Vigne

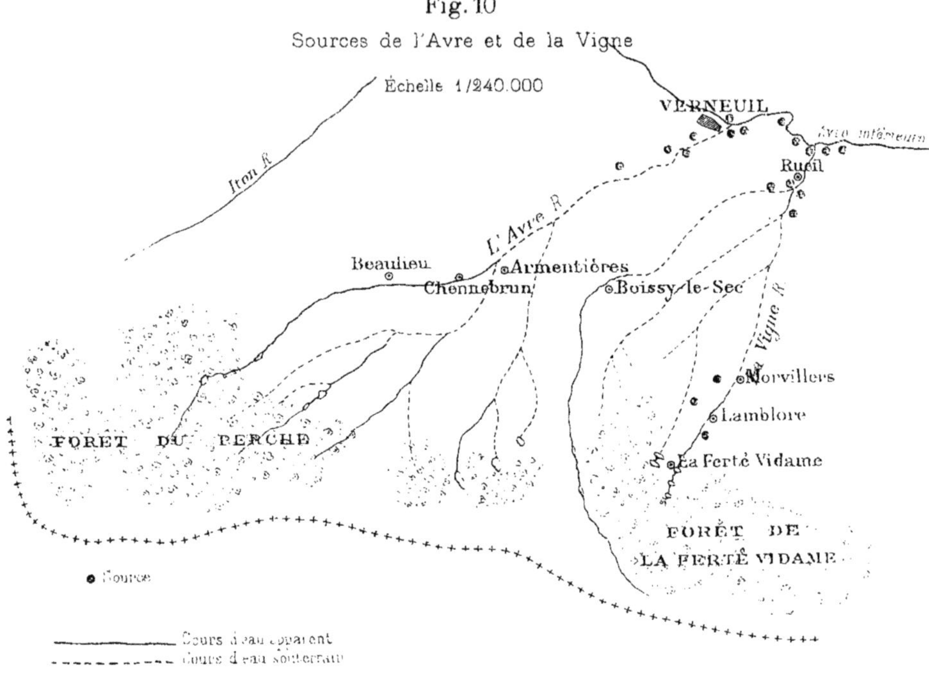


Fig. 11

Profils d'une nappe aquifère à debit constant coulant sur un plan incliné

$$OB = H$$

$$OC = [illegible]\ H$$

$$OD = [illegible] \times H$$

$$OA = [illegible]\ \frac{H}{i}$$

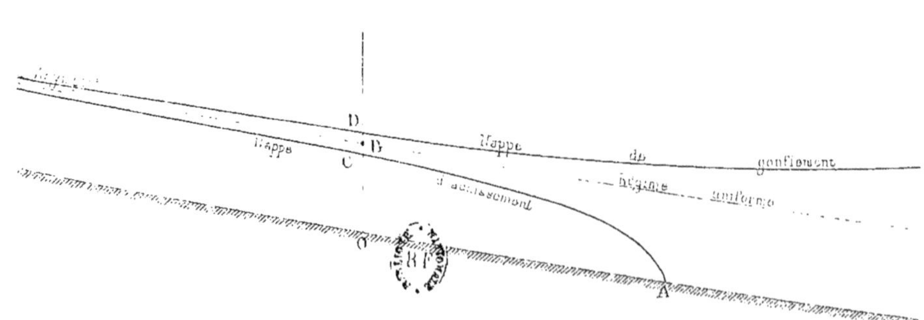


L. Courtier

# ÉTUDES SUR LES SOURCES



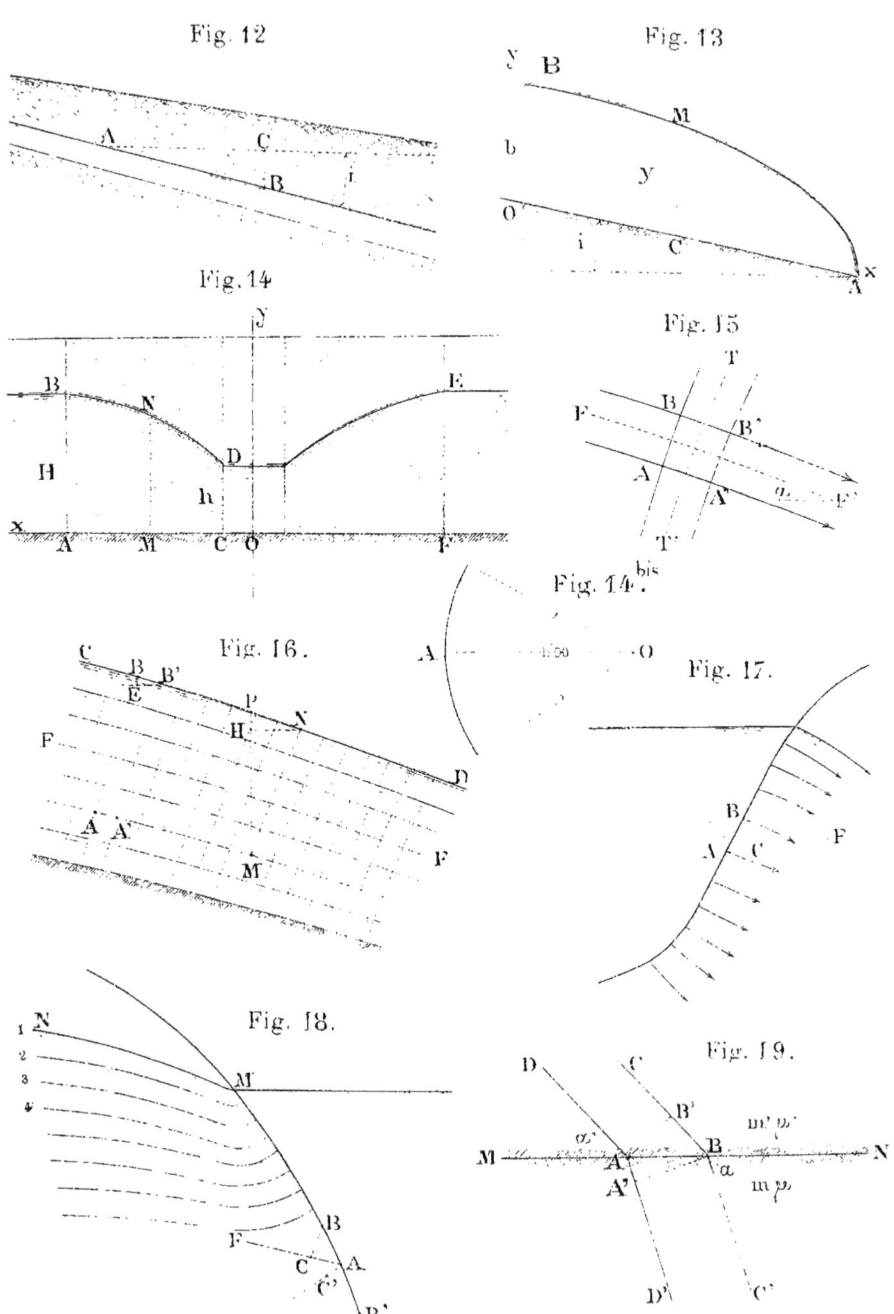

# ÉTUDES SUR LES SOURCES

PL. VI

Fig. 20

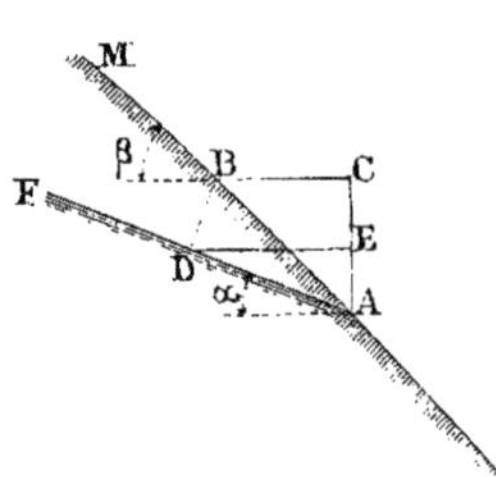


Fig. 21 — Nappe à débit constant coulant sur fond horizontal

Formule 19



Fig. 23 bis

Nappe debouchant à l'air libre.

Tracé simplifié des filets liquides.

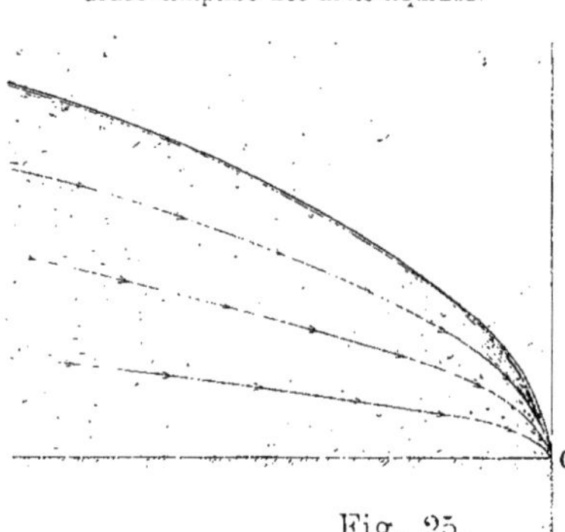


Fig. 24.

Nappe debouchant à l'air libre

Tracé exact des filets liquides.

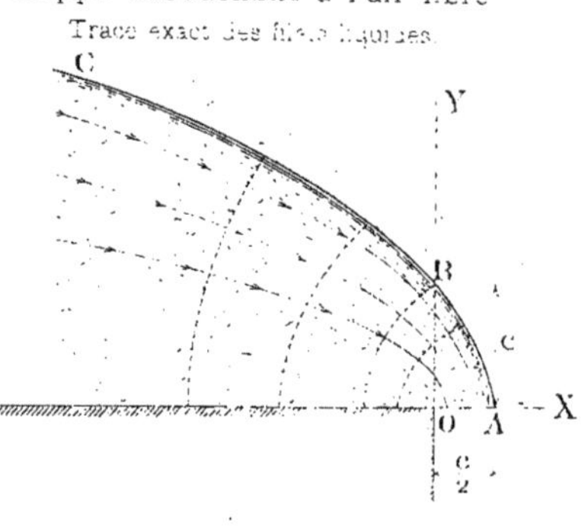


Fig. 25.

Nappe débouchant dans un réservoir d'eau par une paroi verticale.

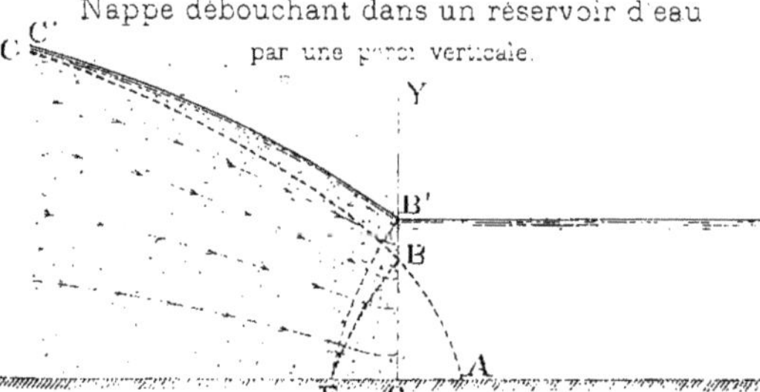


Fig. 26.

Nappe débouchant a l'air libre.

Tracé [illegible] à la source.

Fig. 27.

Nappe debouchant à l'air libre par une paroi verticale

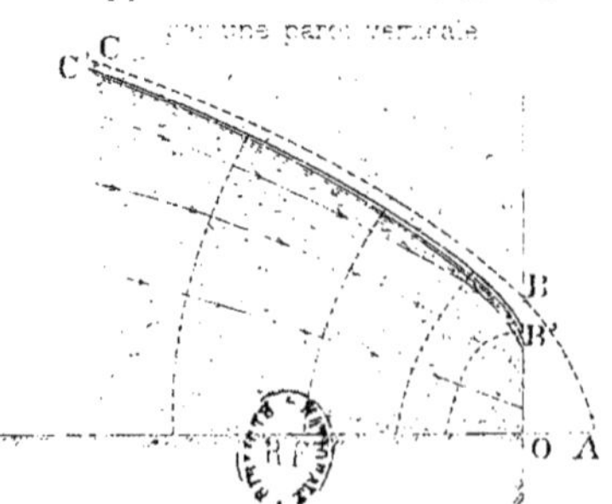


L. Courtier

# ÉTUDES SUR LES SOURCES

PL. VII

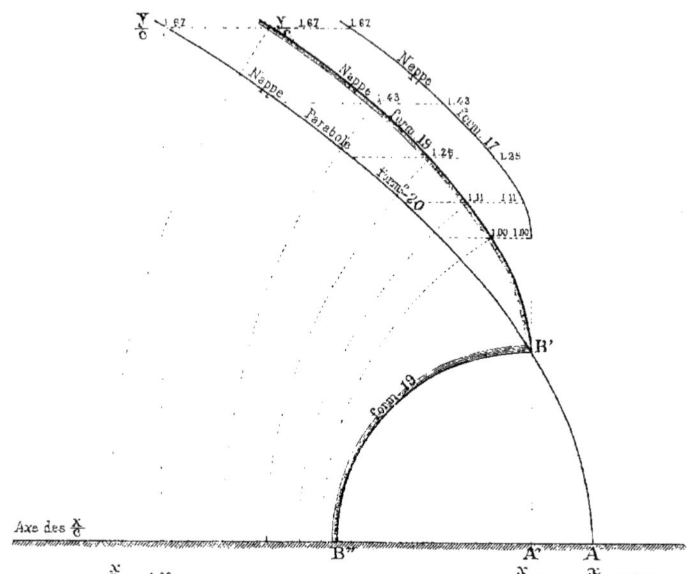


Fig. 22. — Nappe aquifere à debit constant coulant sur un fond horizontal
Échelle : 0m05 pour 1m
Partie terminale — Orifice de la Source

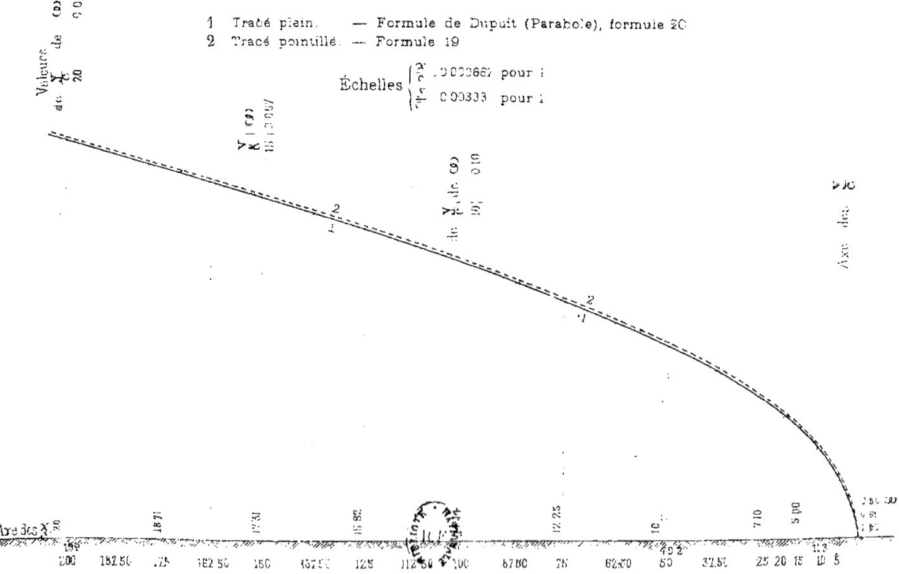


Fig. 23.
Nappe aquifère à débit constant coulant sur un fond horizontal

1 Tracé plein. — Formule de Dupuit (Parabole), formule 20
2 Tracé pointillé. — Formule 19

L. Courtier, graveur

# ÉTUDES SUR LES SOURCES

Fig. 28.

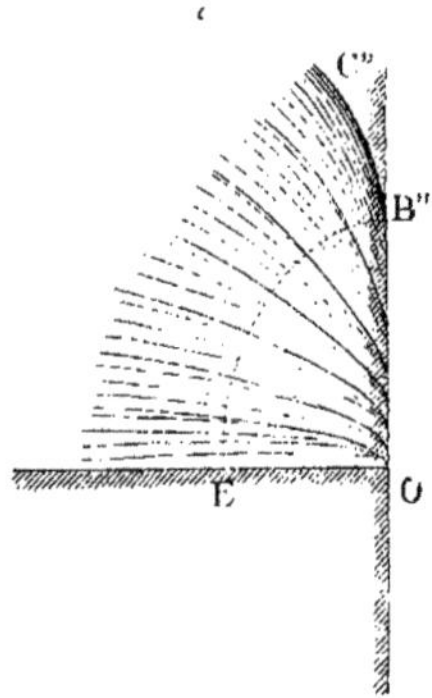


Fig. 29 — Nappe d'affleurement sur fond horizontal : Ellipse

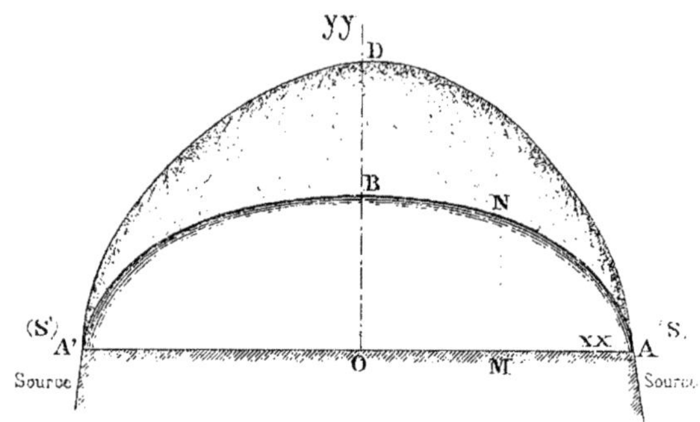


Fig. 30.

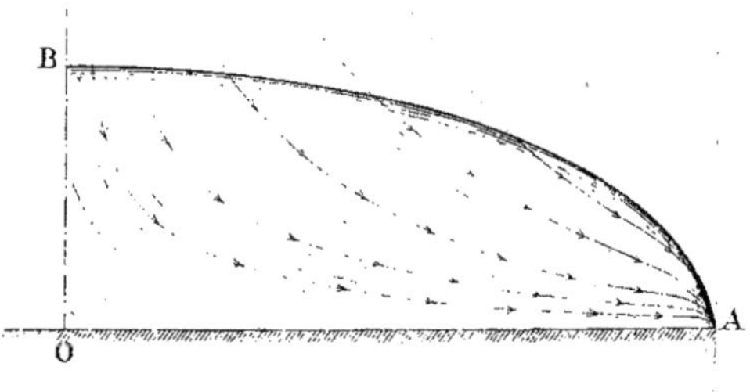


Fig. 31.

Nappe en ellipse.

Tracé des filets liquides réels.



Fig. 32. — Nappe permanente d'affleurement, à 2 versants coulant sur fond incliné

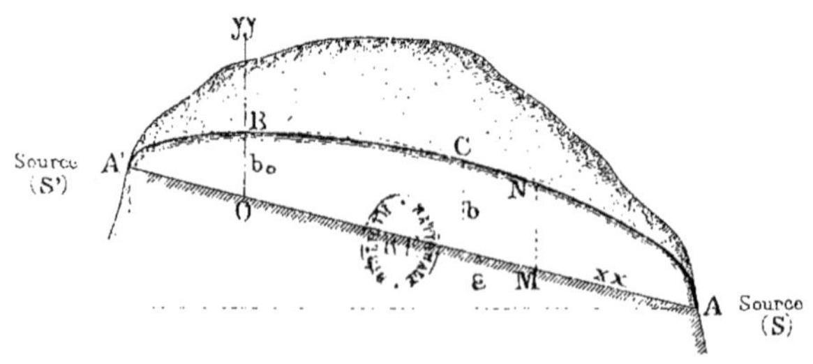


L. Courtier

Fig. 33. — Nappe permanente coulant sur un fond incliné

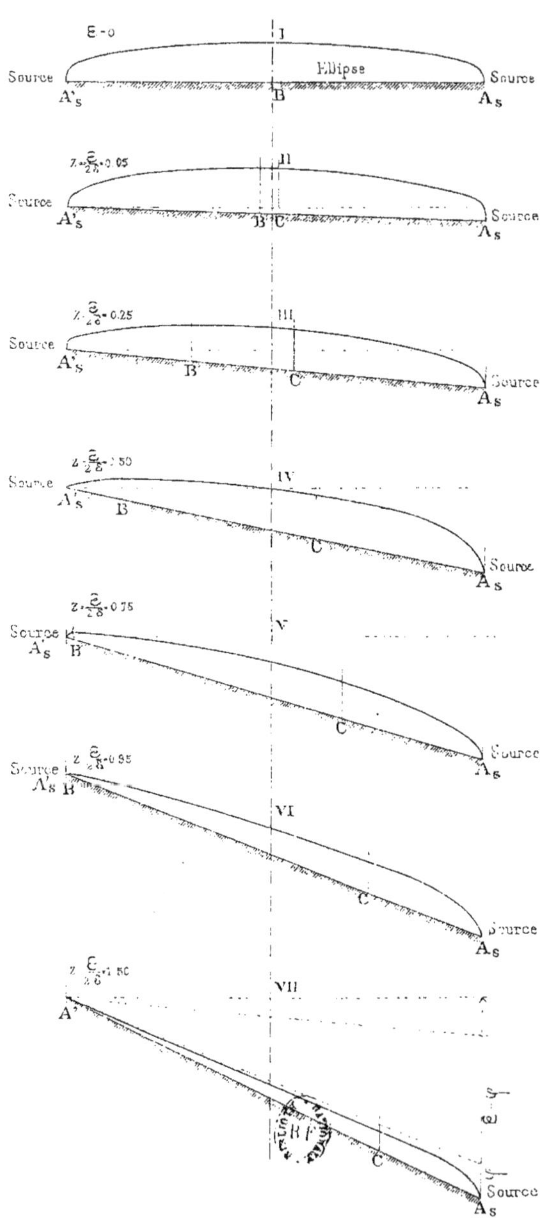


L. Courtier, 43.00

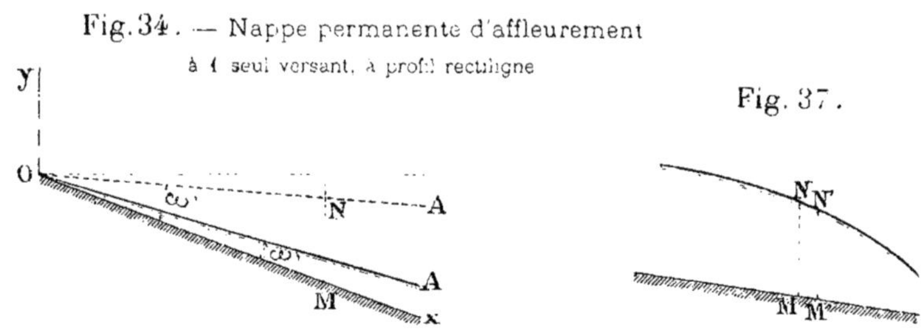


Fig. 34. — Nappe permanente d'affleurement à 1 seul versant, à profil rectiligne

Fig. 37.

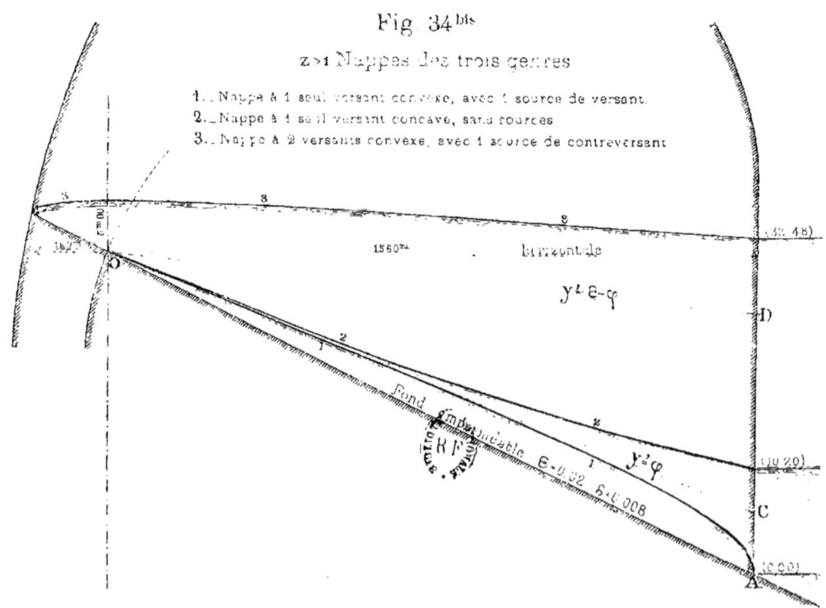


Fig. 34 bis

z>1 Nappes des trois genres

1. _ Nappe à 1 seul versant convexe, avec 1 source de versant.
2. _ Nappe à 1 seul versant concave, sans sources
3. _ Nappe à 2 versants convexe, avec 1 source de contreversant

L. Courtier, sc.

Fig 35. — Graphique des constantes numériques des nappes permanentes

1. Point de partage des eaux $\left(\frac{b_o}{\delta a}\right) = y$

2. Point de plus grande profondeur $\left(\frac{b}{\delta a}\right) = \beta$

3. Longueur du Versant $\frac{a}{L} = \lambda$

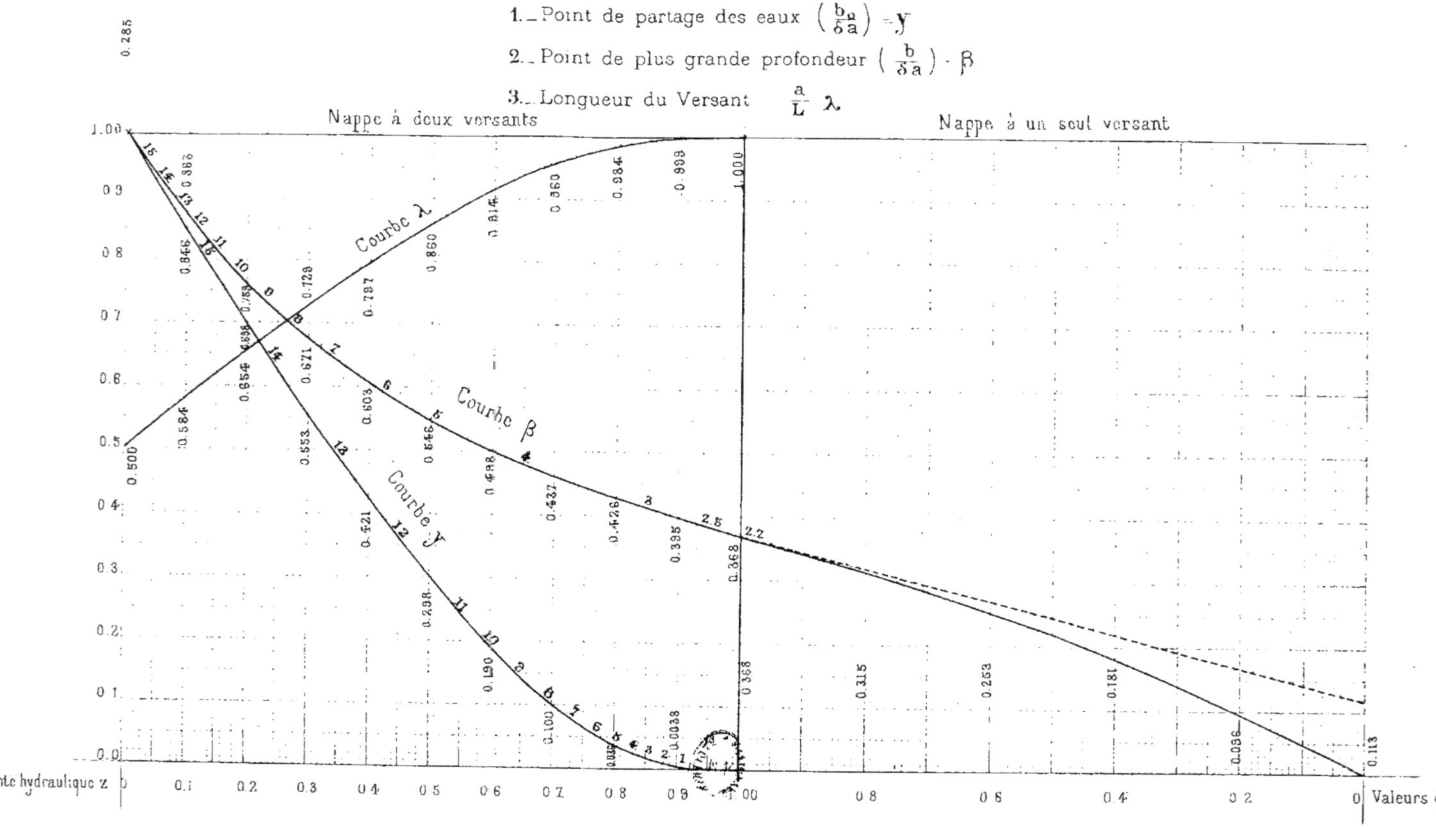


Nota : Les nombres inscrits le long des courbes indiquent les tangentes multipliées par 10

L. Courtier, Paris

# ÉTUDES SUR LES SOURCES

Fig. 35bis. - Graphique des constantes numériques des nappes

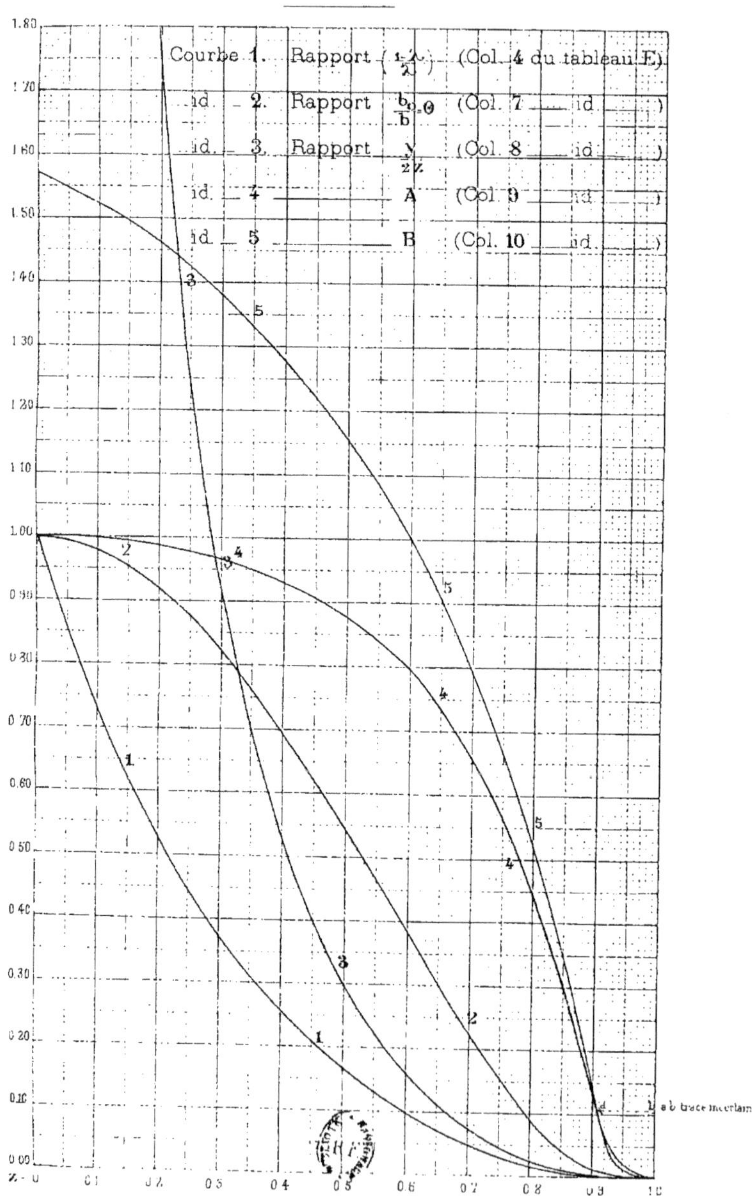


L. Courtier, Paris

Graphiques 36 — PROFILS-TYPES DES NAPPES PERMANENTES A DEUX VERSANTS

Légende

$\frac{x}{h}$ = Abscisses horizontales × 10

$\frac{y}{h_0}$ = Ordonnées verticales × C

Les ordonnées sont comptées à partir du fond de la nappe A O A'

C = Coefficient inscrit sous chaque profil

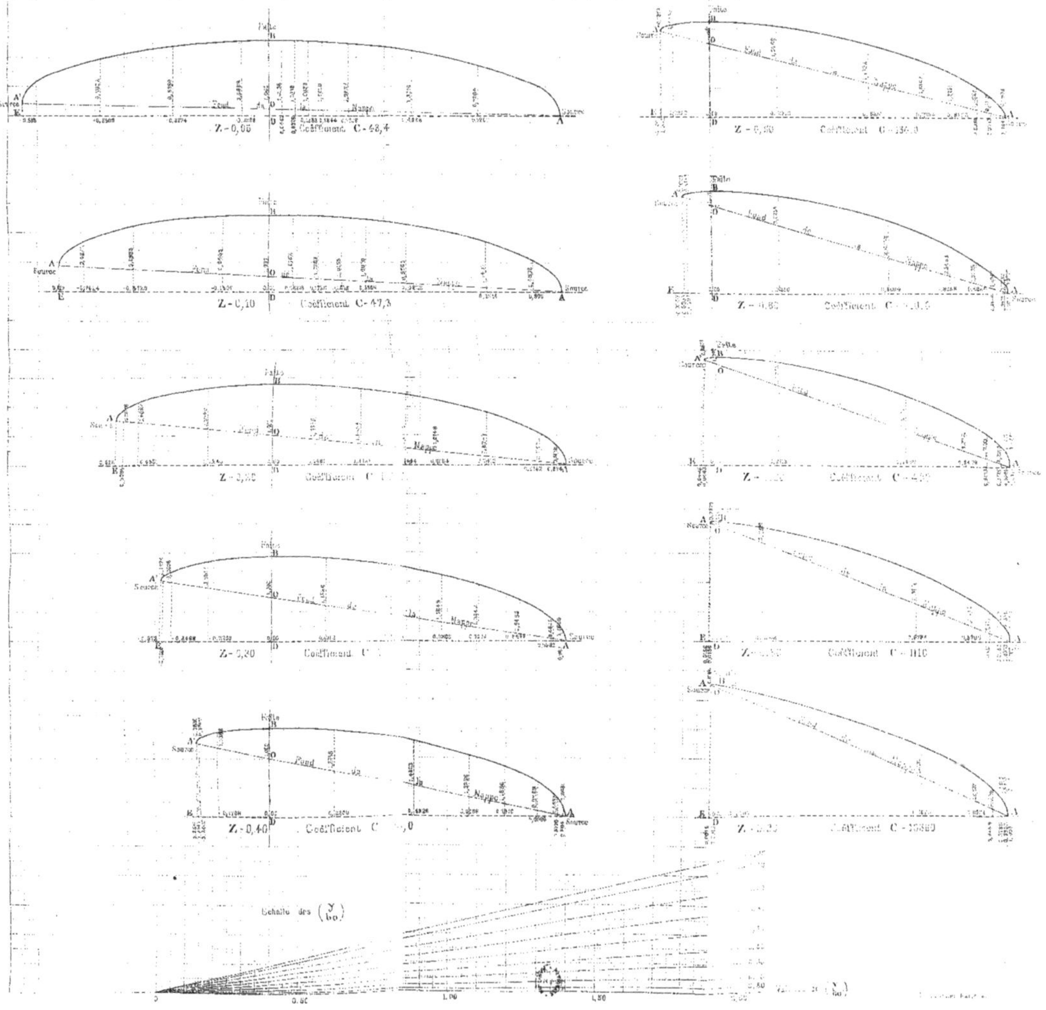

# ÉTUDES SUR LES SOURCES

PL. XIV

Fig. 38. — Comparaison des nappes de crue, permanente et de décrue

(Nappe permanente, trait pointillé)

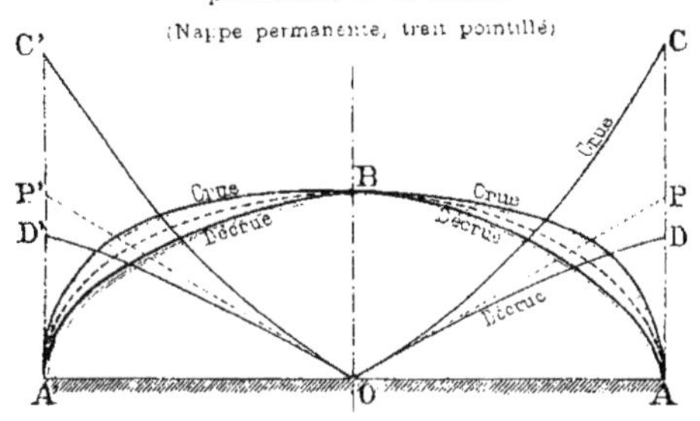


Fig. 38 bis.

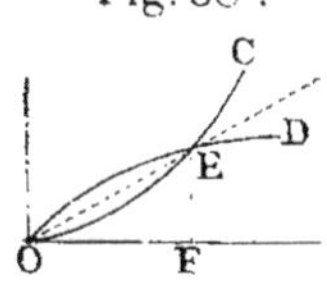


Fig. 44.

Nappes de thalweg

Coupe transversale

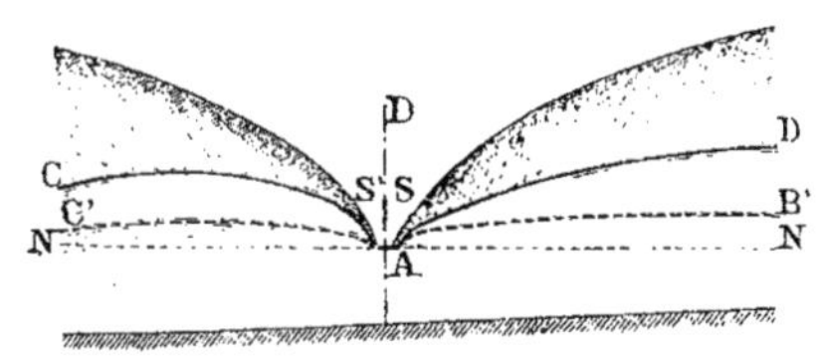


Fig. 44 b.

Coupe longitudinale A D

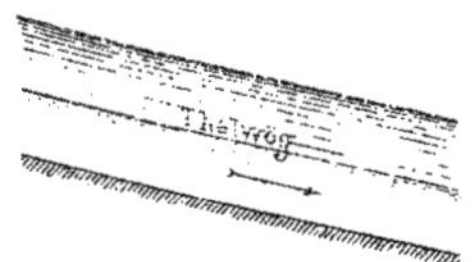


Fig. 39.

Abaissement d'une nappe jusqu'au tarissement des sources

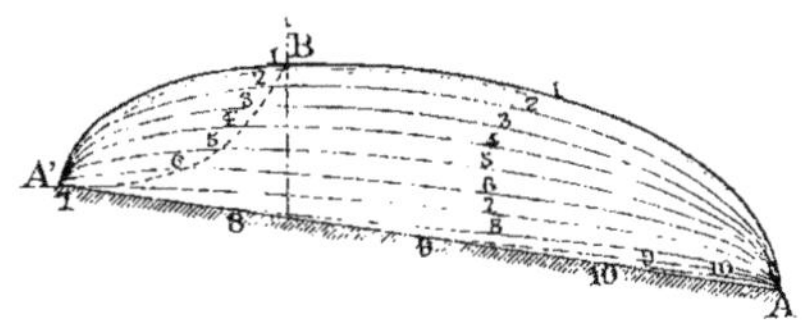


Fig. 40.

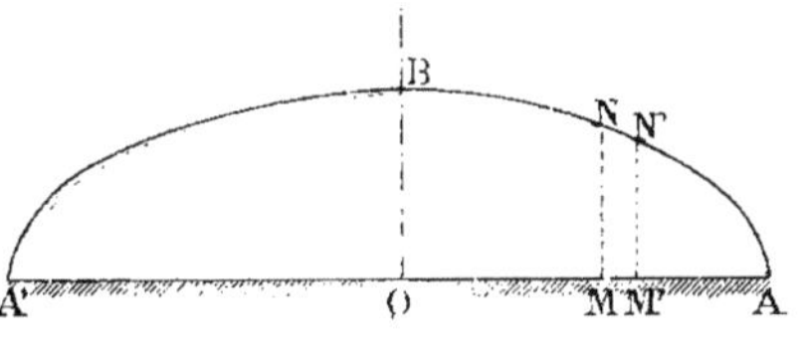


Fig. 42.

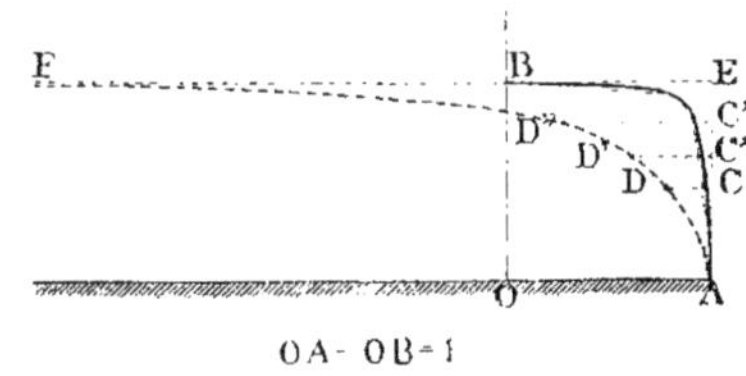


Fig. 45.

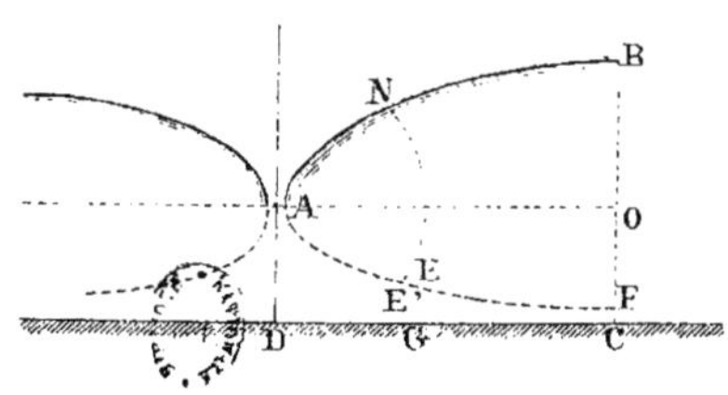


L. Courtier,

## ÉTUDES SUR LES SOURCES

PL.XV

Fig. 41.

Nappes aquifères sur fond horizontal, de crues et décrues

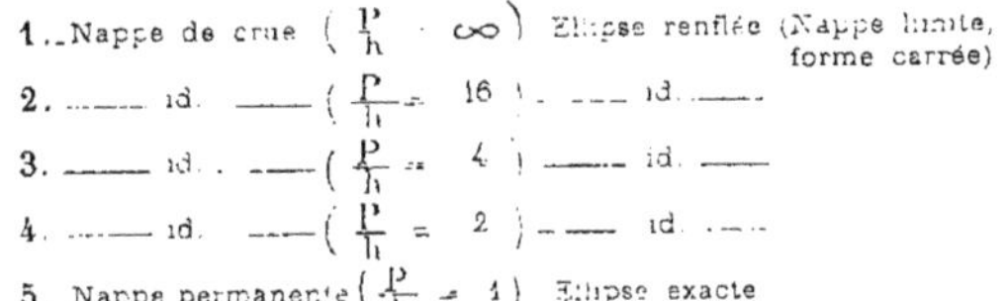


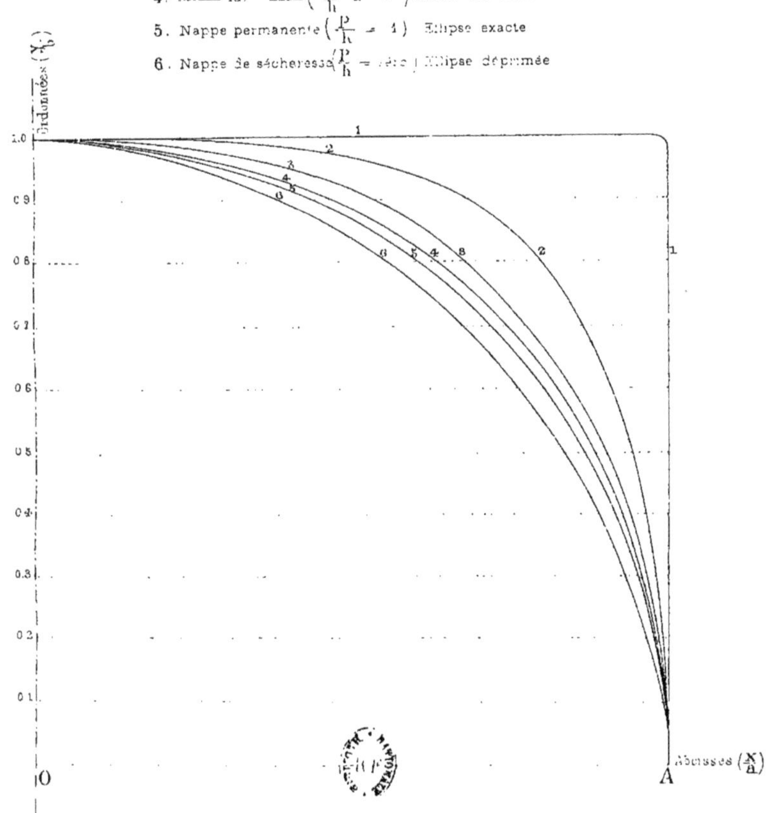


Fig. 43.

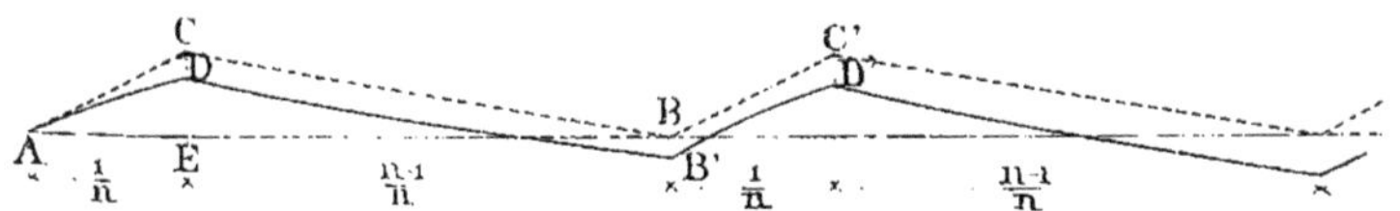


L. Courtier

# ÉTUDES SUR LES SOURCES

Pl. XVI

Fig. 47.

Nappes de thalweg sur fond horizontal

Tracé des filets liquides réels

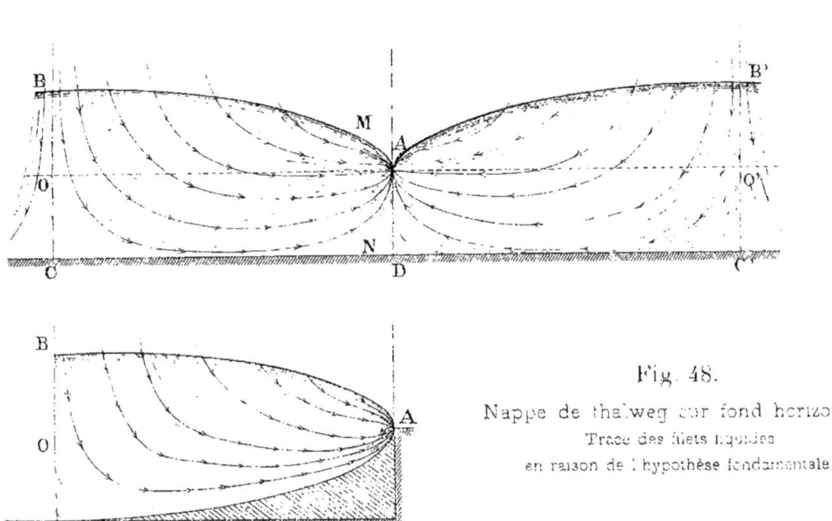


Fig. 48.

Nappe de thalweg sur fond horizontal.

Tracé des filets liquides

en raison de l'hypothèse fondamentale.

Fig. 46.

Fig. 49.

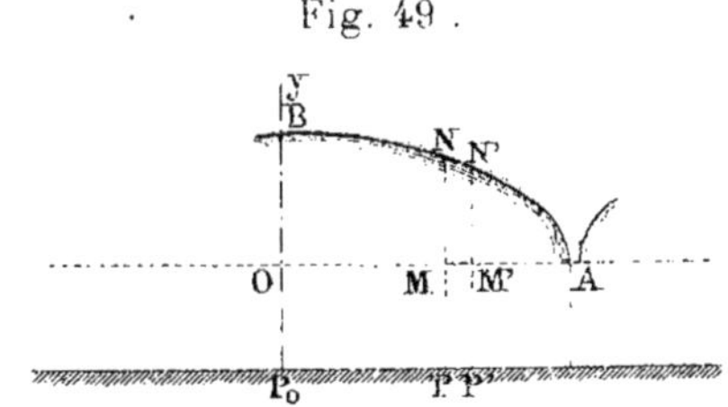


Fig. 50

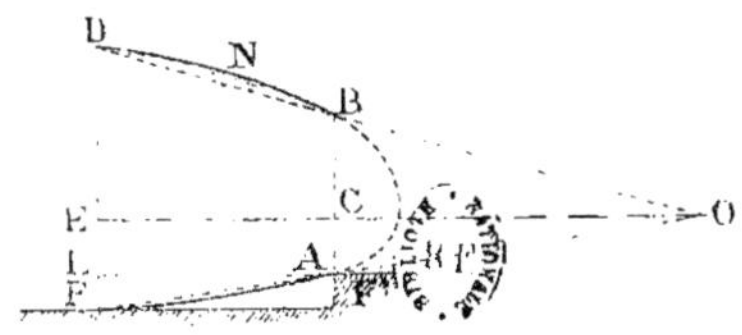


L. Courtier, édit. 43517

# ÉTUDES SUR LES SOURCES

Pl. XVII

Fig. 51.

Nappes de thalweg

Vallée profonde

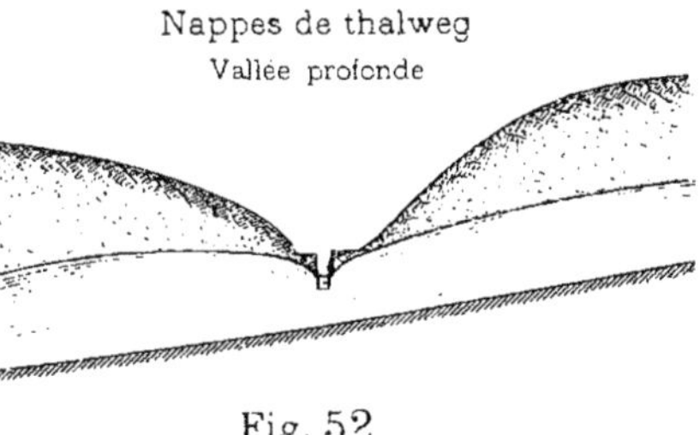

Fig. 52

Nappes de thalweg

Vallée plate

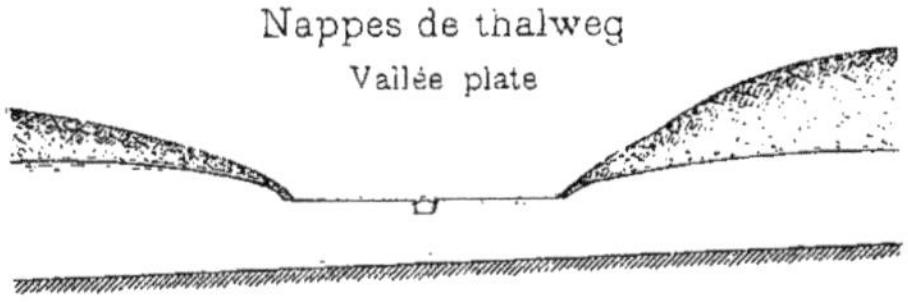

Fig. 53.

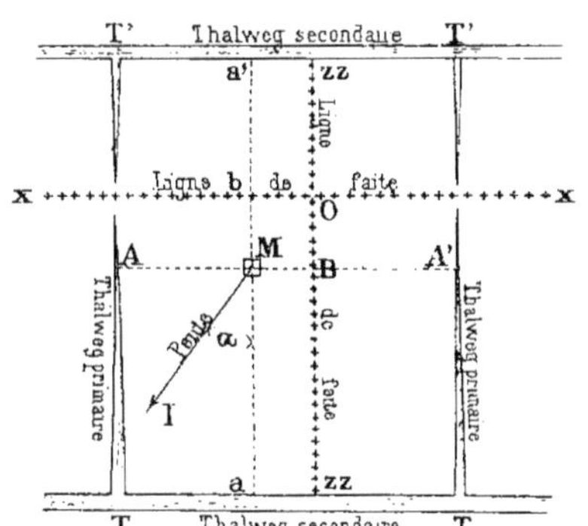

Fig. 54.

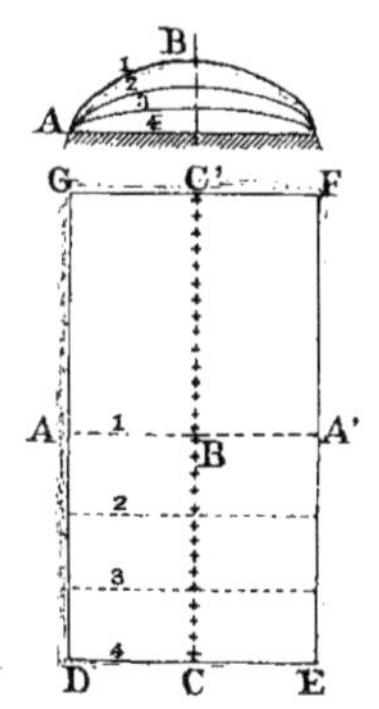

Fig. 55.

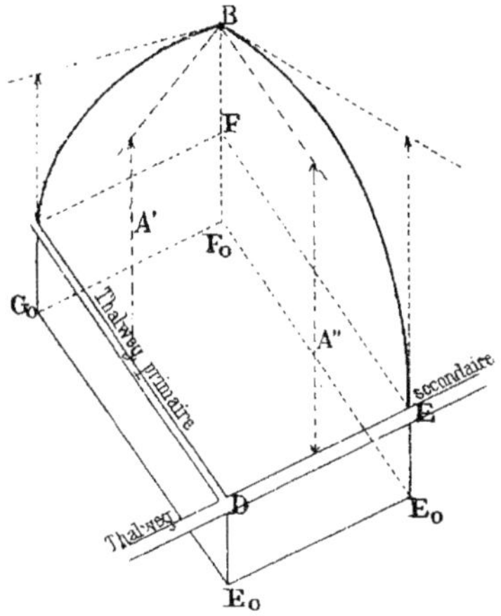

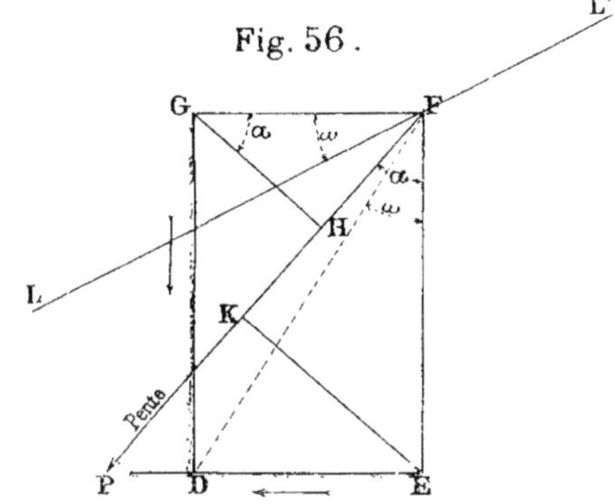

Fig. 56.

Fig. 57.

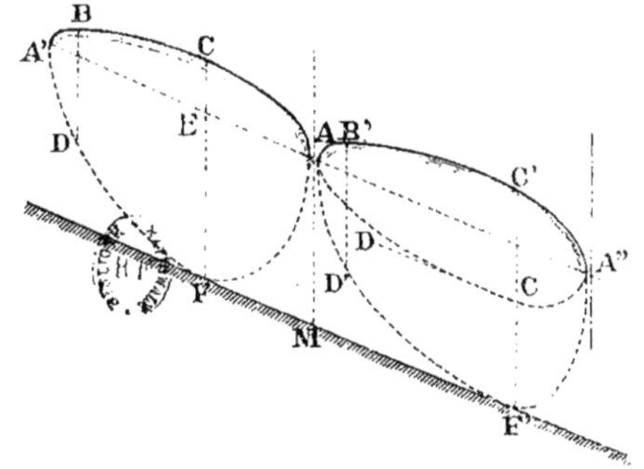

L. Courtier. 43506-43507

# ÉTUDES SUR LES SOURCES

Pl. XVIII

Fig. 58
Trajectoires
des filets liquides

Fig 58 bis
Nappe sur fond incliné
avec pente parallèle au faîte

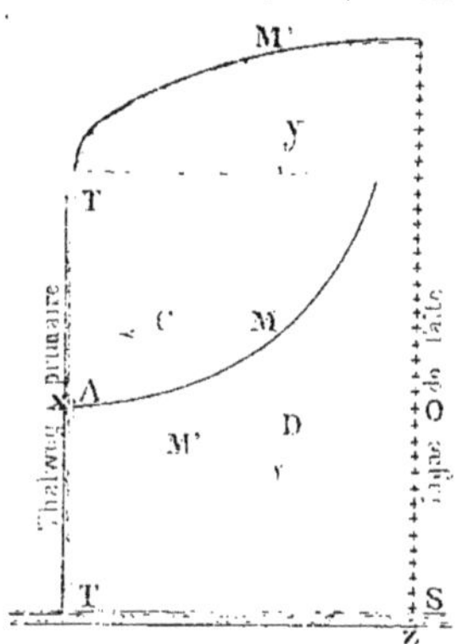


Fig. 59.
Trajectoires des filets liquides
d'une nappe à sections elliptiques
sur fond horizontal
(c-2a)

Fig. 60.
Trajectoires des filets liquides
d'une nappe à fond horizontal
avec répartition uniforme de l'apport pluvial
(c-2a)

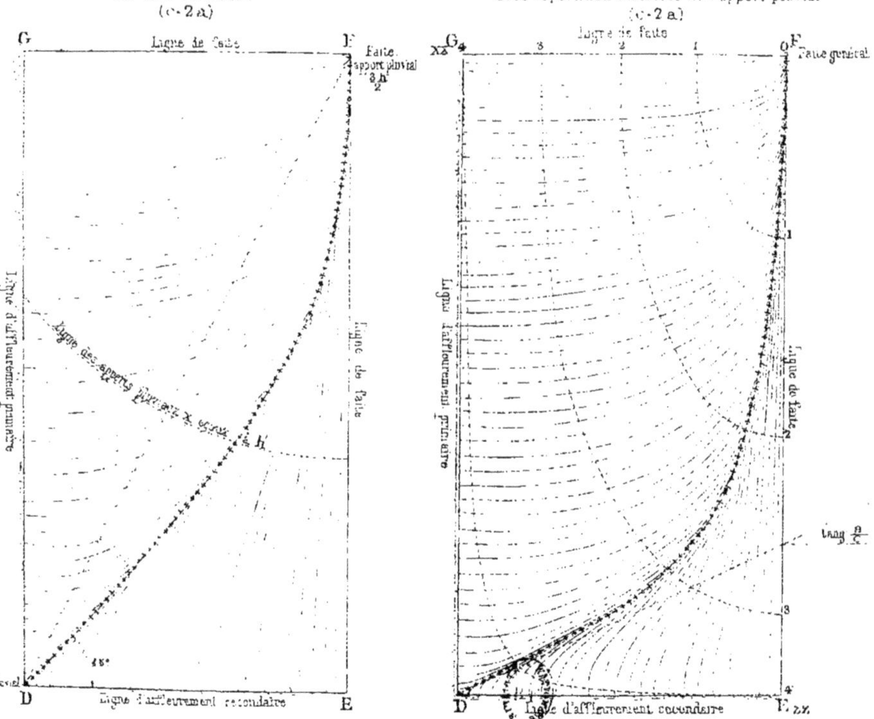


L. Courtier

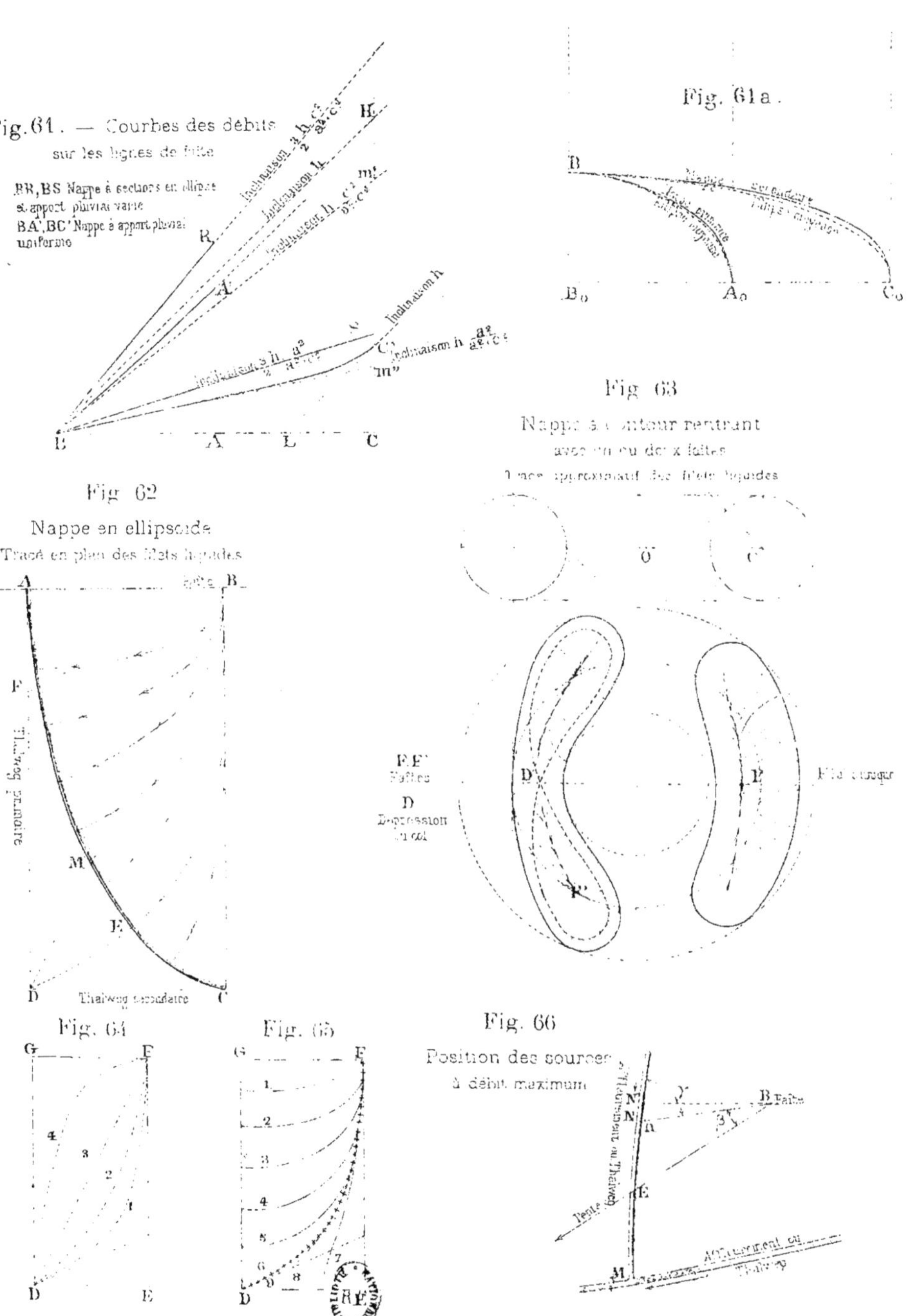


Fig. 61. — Courbes des débits sur les lignes de faîte
BR, BS Nappe à sections en ellipse et apport pluvial varié
BA', BC' Nappe à apport pluvial uniforme
Fig. 61 a.
Fig. 62
Nappe en ellipsoïde
Tracé en plan des filets liquides
Thalweg secondaire
Fig. 63
Nappe à contour rentrant
Tracé approximatif des filets liquides
F F' Faîtes
D Dépression du col
Fig. 64
Fig. 65
Fig. 66
Position des sources à débit maximum
Faîte
Pente
Affleurement du Thalweg

L. Courtier.

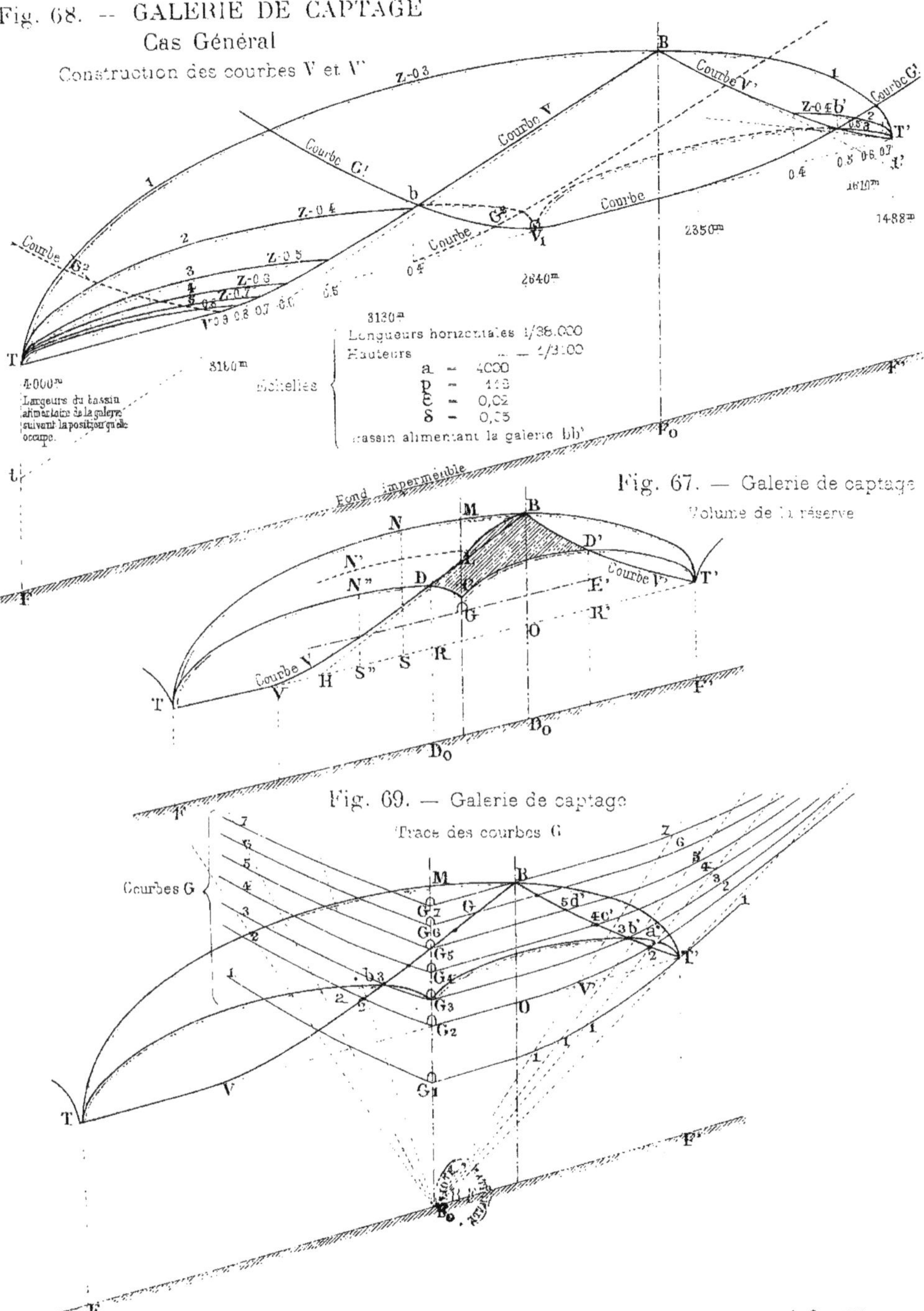
Fig. 68. — GALERIE DE CAPTAGE
Cas Général
Construction des courbes V et V'
Courbe V
Courbe V'
Courbe G'
Longueurs horizontales 1/38.000
Hauteurs — 1/3100
Échelles
a = 4000
p = 443
ε = 0,02
δ = 0,05
Bassin alimentant la galerie bb'
Largeurs du bassin alimentaire de la galerie suivant la position qu'elle occupe.
Fond imperméable
Fig. 67. — Galerie de captage
Volume de la réserve
Fig. 69. — Galerie de captage
Tracé des courbes G
Courbes G
L. Courtier

# ÉTUDES SUR LES SOURCES

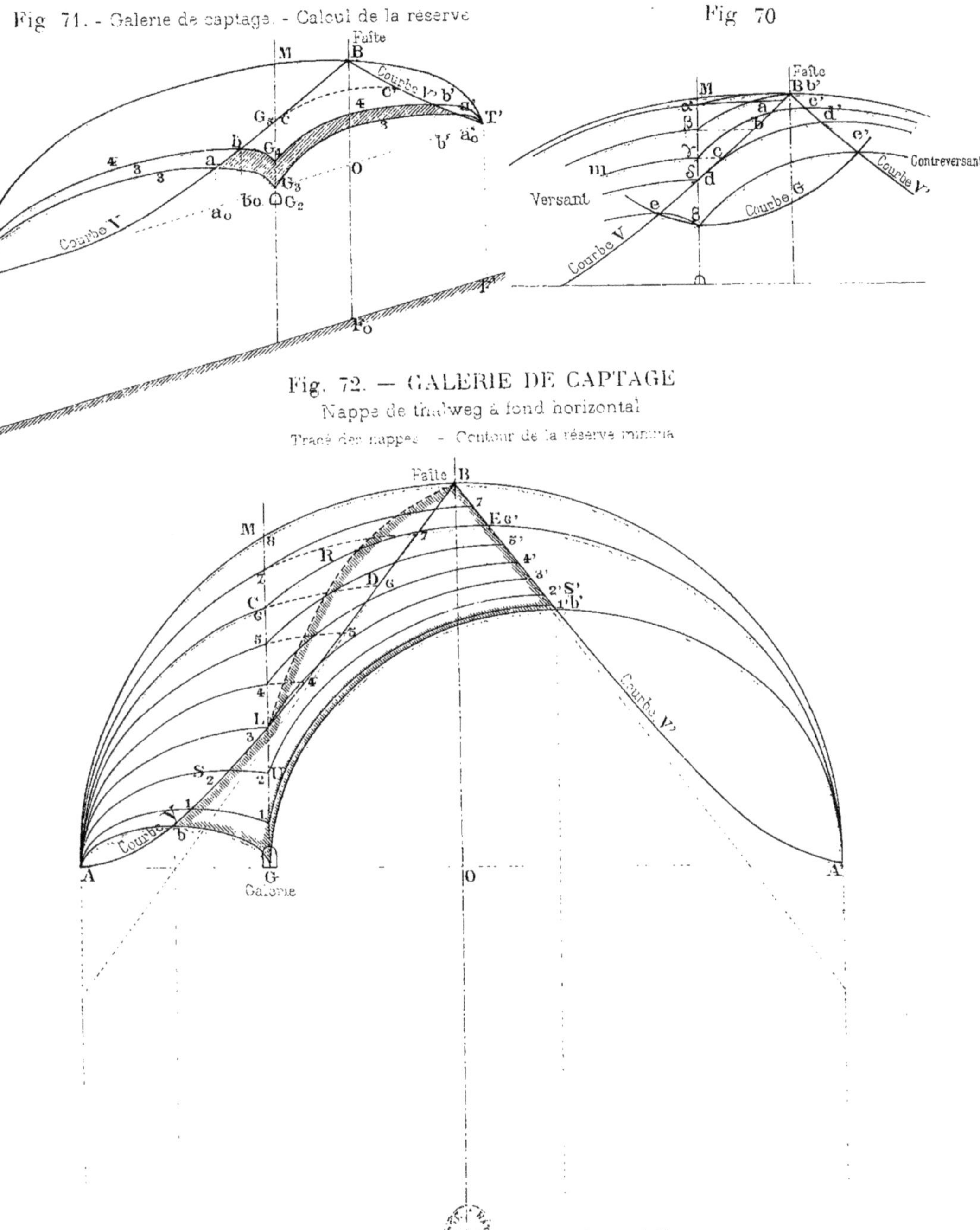


Fig. 71. - Galerie de captage. - Calcul de la réserve

Fig. 70

Fig. 72. — GALERIE DE CAPTAGE
Nappe de thalweg à fond horizontal
Tracé des nappes - Contour de la réserve minima

Fig. 73. — GALERIE DE CAPTAGE

Nappe de thalweg à fond incliné

Tracé des nappes — Contour de la réserve minima

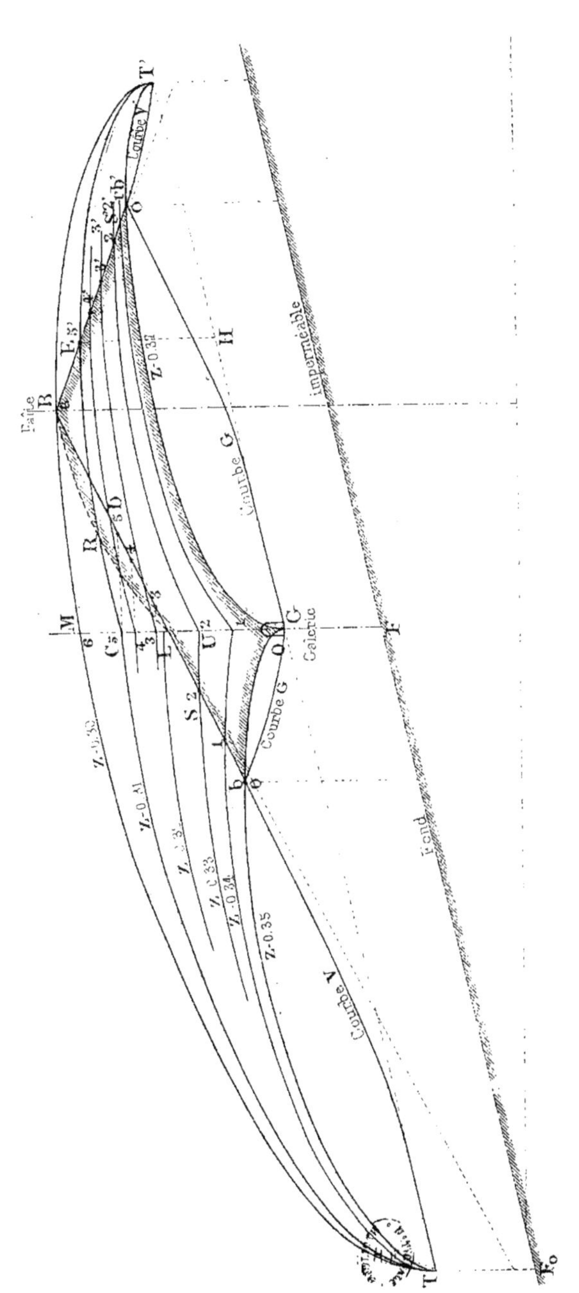

# ÉTUDES SUR LES SOURCES

Fig. 74. — GALERIE DE CAPTAGE
Nappe d'affleurement à fond horizontal
Trace des nappes
Graphique de la réserve minima

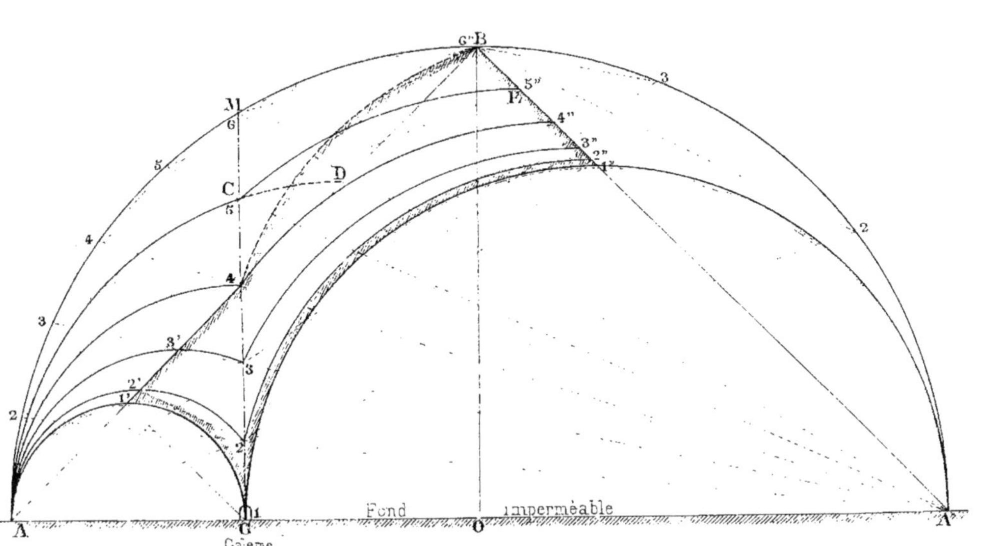


Fig. 75. — GALERIE DE CAPTAGE
Nappe d'affleurement à fond incliné
Trace des nappes
Contour de la réserve minima

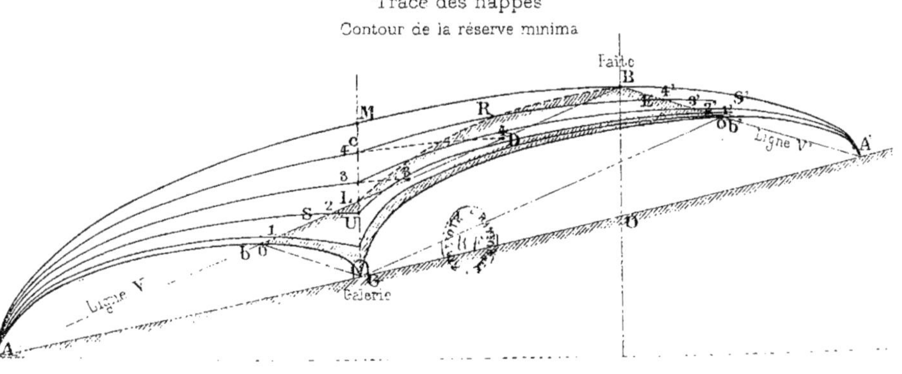


L. Courtier

# ÉTUDES SUR LES SOURCES

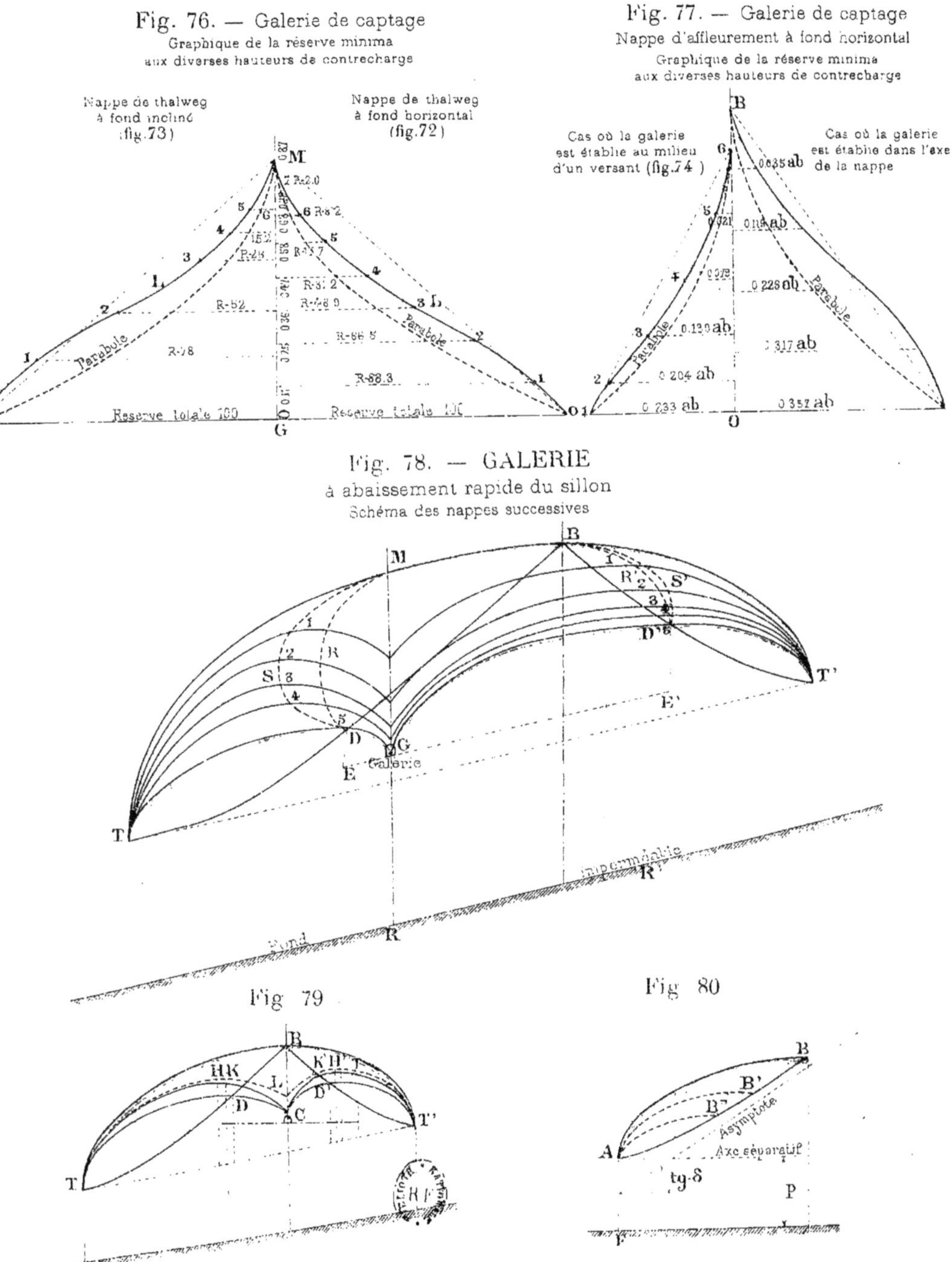


Fig. 76. — Galerie de captage
Graphique de la réserve minima
aux diverses hauteurs de contrecharge

Fig. 77. — Galerie de captage
Nappe d'affleurement à fond horizontal
Graphique de la réserve minima
aux diverses hauteurs de contrecharge

Fig. 78. — GALERIE
à abaissement rapide du sillon
Schéma des nappes successives

Fig 79

Fig 80

# ÉTUDES SUR LES SOURCES

Fig. 81. — Galerie de captage
Graphique dans le cas d'une nappe sur fond horizontal.

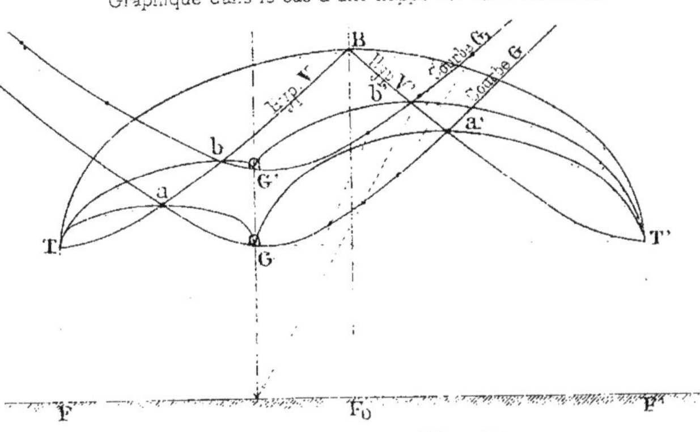


Fig. 82

Fig. 83. — Galerie de captage
ouverte dans une nappe d'affleurement

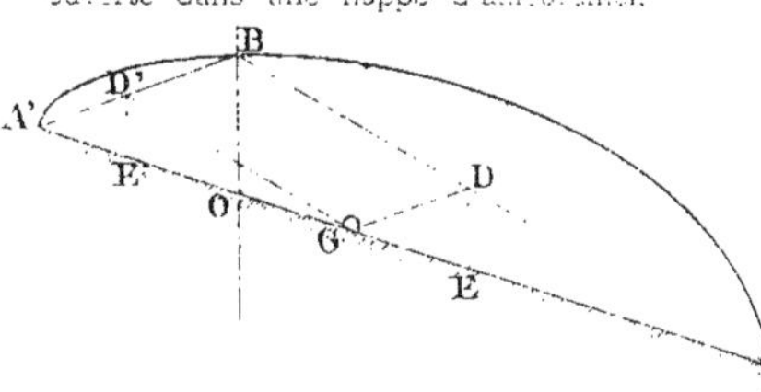


Fig. 84
G Galerie (3e cas)

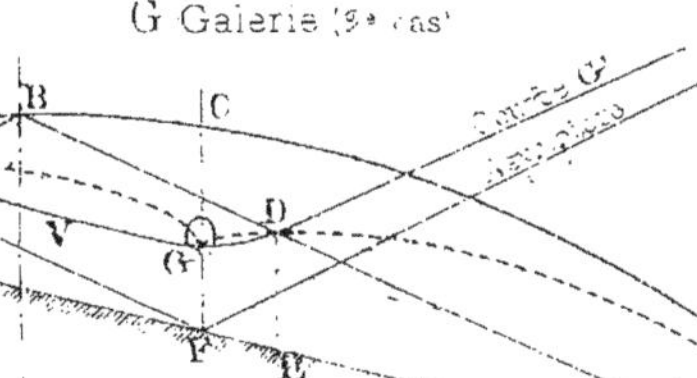


Fig. 85. — Galerie de captage
ouverte dans une nappe d'affleurement
à 1 seul versant

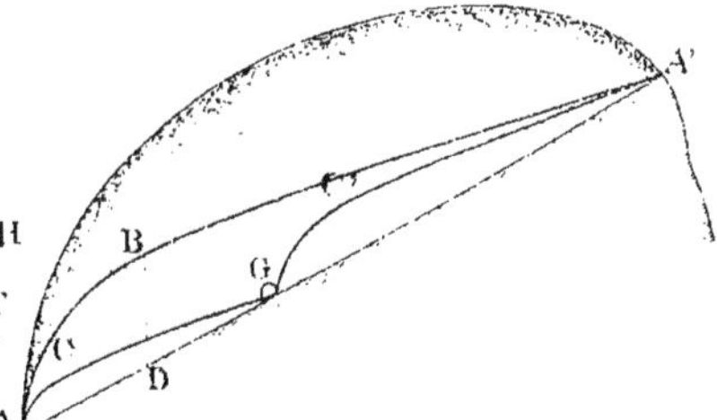


Fig. 87. — Galerie de captage
ouverte dans une nappe de thalweg à 1 seul versant
Recherche de la meilleure position de la Galerie

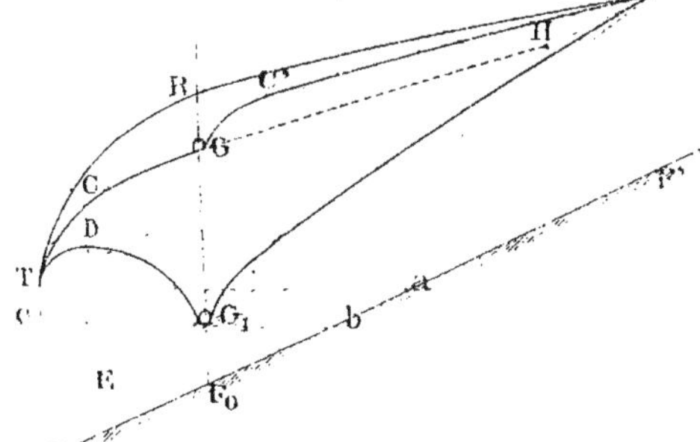


Fig. 86 — Galerie de captage
ouverte dans une nappe de thalweg
à 1 seul versant

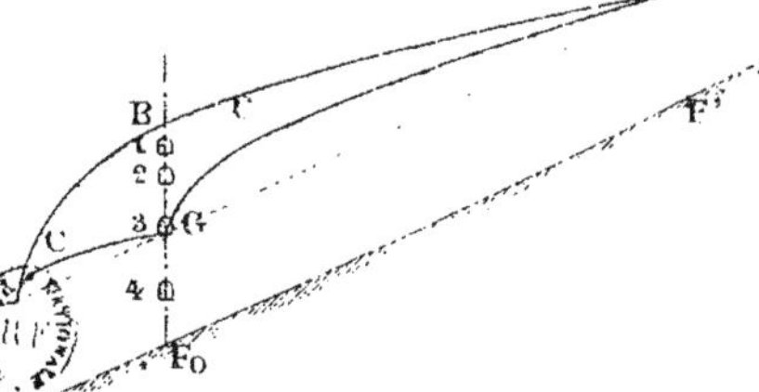